中国昆虫学会◎编

Discovery of the Beauty of Insects

发现昆虫之美 ①

长江出版传媒
湖北科学技术出版社

目录
contents

2 | 成芳《象　甲》
4 | 桂劲松《爱　恋》
7 | 姜春燕《踩高跷》
8 | 温仕良《保护罩》
10 | 陈敢清《体育运动》
11 | 郭仲荣《雨后虫》
13 | 侯忠明《攀》
15 | 黄贵强《狭路相逢》
16 | 蒋春洁《水中待产》
18 | 阮刚石《倩　影》
21 | 史宗冈《寄　生》
23 | 王江《蜉蝣的剪影》
24 | 郭仲荣《春天报喜》
26 | 侯永昆《当　担》
28 | 罗恒礼《展翅远航》
30 | 彭欣《生命延续》
31 | 王江《蝶角蛉破壳》
32 | 杨穗强《和平共处》
35 | 虞静静《黄金甲》
36 | 桂劲松《蜕　变》
37 | 桂明《人脸蜘蛛》

39 | 侯忠明《好味道》
40 | 姜春燕《奔　梦》
42 | 蒋春洁《蝶恋花》
43 | 李虎《伺机而动》
44 | 欧阳临安《茅屋之恋》
46 | 邱见玥《睡　醒》
47 | 王誉策《黄猄蚁》
48 | 张宁《美　餐》
51 | 侯忠明《天　使》
52 | 侯永昆《透》
53 | 彭欣《甲蝇亮翅》
54 | 陈开祥《小组三重唱》
56 | 董琳杰《以小胜大》
57 | 桂劲松《钢丝侠》
58 | 黄章明《兄弟姐妹》
59 | 刘振英《猎蝽宝宝学步》
60 | 罗恒礼《起　飞》
63 | 欧阳临安《金　蛋》
64 | 阮刚石《飘舞的小金屋》
66 | 田川《一米阳光下的幸福时光》
68 | 王建赟《漂浮的涧黾》
69 | 王音《请勿打扰》
71 | 谢世勇《振　翅》
73 | 杨穗强《力量角逐》
74 | 陈敢清《全副武装》
75 | 邸济民《霓裳舞》

76 | 冯世强《凝　视》
77 | 郭仲荣《幸福生活》
78 | 黄贵强《雌雄异型》
79 | 蒋春洁《蝉　意》
81 | 兰星平《爱　恋》
82 | 李浩铭《无　题》
84 | 庞玉英《演绎美丽》
85 | 王誉策《螽　斯》
87 | 温仕良《蜕　变》
88 | 夏乡《蜜　月》
89 | 张宁《追　逐》
90 | 欧阳临安《螳螂若虫》
91 | 杨穗强《蜉　蝣》
92 | 李浩铭《柔软的坚强》
93 | 蒋春洁《憩》
94 | 李跃《冰清玉洁》
95 | 陈敢清《对　话》
96 | 蒋春洁《思》
97 | 蒋春洁《背着的爱》
99 | 邱璐《求　偶》
100 | 彭欣《舒　袖》
102 | 彭欣《蜻蜓出壳》
103 | 彭欣《彩　蛹》
104 | 秦彧《亲爱的一家》
106 | 杨穗强《挥　手》

107 | 张信《串　珠》
109 | 钟广平《求　偶》
110 | 赵刚《美　餐》
113 | 张静《幼　年》
115 | 张信《蛴宝宝》
116 | 钟广平《蝶恋花》
117 | 郑童《食》
118 | 王江《剪　影》
121 | 王江《蜜　蜡》
123 | 王勇《仰　头》
124 | 王誉《瞪　眼》
125 | 王誉策《丝丝入扣》
127 | 阮刚石《炽热的爱》
128 | 李浩铭《重眉压目》
129 | 阮刚石《白发爷爷》
131 | 秦彧《深山色蟌》
132 | 蒋春洁《飞行家》
133 | 董琳杰《搬卵的蚂蚁》
135 | 罗恒礼《古老的传说》
136 | 秦彧《深秋美眼》
137 | 阮刚石《贵夫人》
138 | 彭欣《绿蝉脱壳》
140 | 董琳杰《跃》
141 | 欧阳临安《爬》
143 | 田川《而今迈步从头越》
144 | 蒋春洁《朝生暮死》
145 | 蒋春洁《双黾共进》
146 | 蒋春洁《查　看》
148 | 邱璐《日光浴》

150 | 董琳杰《聚》
150 | 欧阳临安《蝶恋花》
152 | 欧阳临安《霸王硬上弓》
153 | 李虎《等待挑战》
155 | 秦彧《黑里俏》
155 | 阮刚石《过　桥》
157 | 阮刚石《孤独的铁牛》
157 | 邸济民《飞　舞》
158 | 侯忠明《羞》
161 | 蒋春洁《空中行走》
162 | 王誉策《一　体》
163 | 陶剑《翘　首》
164 | 董志巍《黑夜中的光亮》
165 | 陶剑《海底再现》
166 | 陶剑《静》
167 | 陶剑《黑暗中的舞者》
168 | 秦彧《艰难的新生》
169 | 田勇《隐　匿》
170 | 张信《向上看齐》
171 | 秦彧《伪装者》
171 | 李浩铭《盔甲战士》
172 | 杨穗强《我的地盘我做主》
173 | 冼乐人《恋爱季节》
174 | 陶剑《探路者》
174 | 侯永昆《列　队》
175 | 陶剑《毛毛虫》
176 | 兰星平《采　蜜》
178 | 陶剑《参　拜》
179 | 田勇《爬　行》
180 | 邸济民《窥视》

象　甲

摄影/成芳

食花头、种子长大
肉质果实是我们的最爱
叶与茎是我们的零嘴
与人类作对
他们称我们为害虫
用人工、化学或物理的方法将我们绞杀
他们称我们是害虫
他们是什么
他们是啥

昆 虫 名：象甲

那日，我和朋友搭晚了一班车而未能赶到目的地，只能就宿于路边一农庄。是日早晨，在农家菜地发现几只正在啃食青菜的虫子，长相古怪。房东告诉我们，山上有很多。于是，我们爬上附近的山坡，发现了很多这样的小虫子，山上的树叶基本都被啃食光了。这是什么虫子呢？嘴部长有大象一样的大鼻子，身子象背了一个大大的龟壳。硬硬的，掉地上还会有清脆的声响，它会蜷成一团，收回脑袋和四肢，等发现外面没有了动静，又会快速爬起来，和乌龟躲避危险极为相似，这种奇怪的虫子大大吸引了我们的注意力，以致我们错过了一班又一班的班车。原来，它就是象甲。

爱　恋

摄影 / 桂劲松

别计较谁爱得更多

别苦恼是归人还是过客

我只要这绵绵的细沙见证此刻我们的欢乐

将这一亿粒

或是十亿粒

全都装入沙漏中

填满塞实

别让时间流走

昆 虫 名：虎甲

云南丰富的自然资源和立体气候为生物多样性提供了充足的生存条件。图为虎甲交配时的情景。

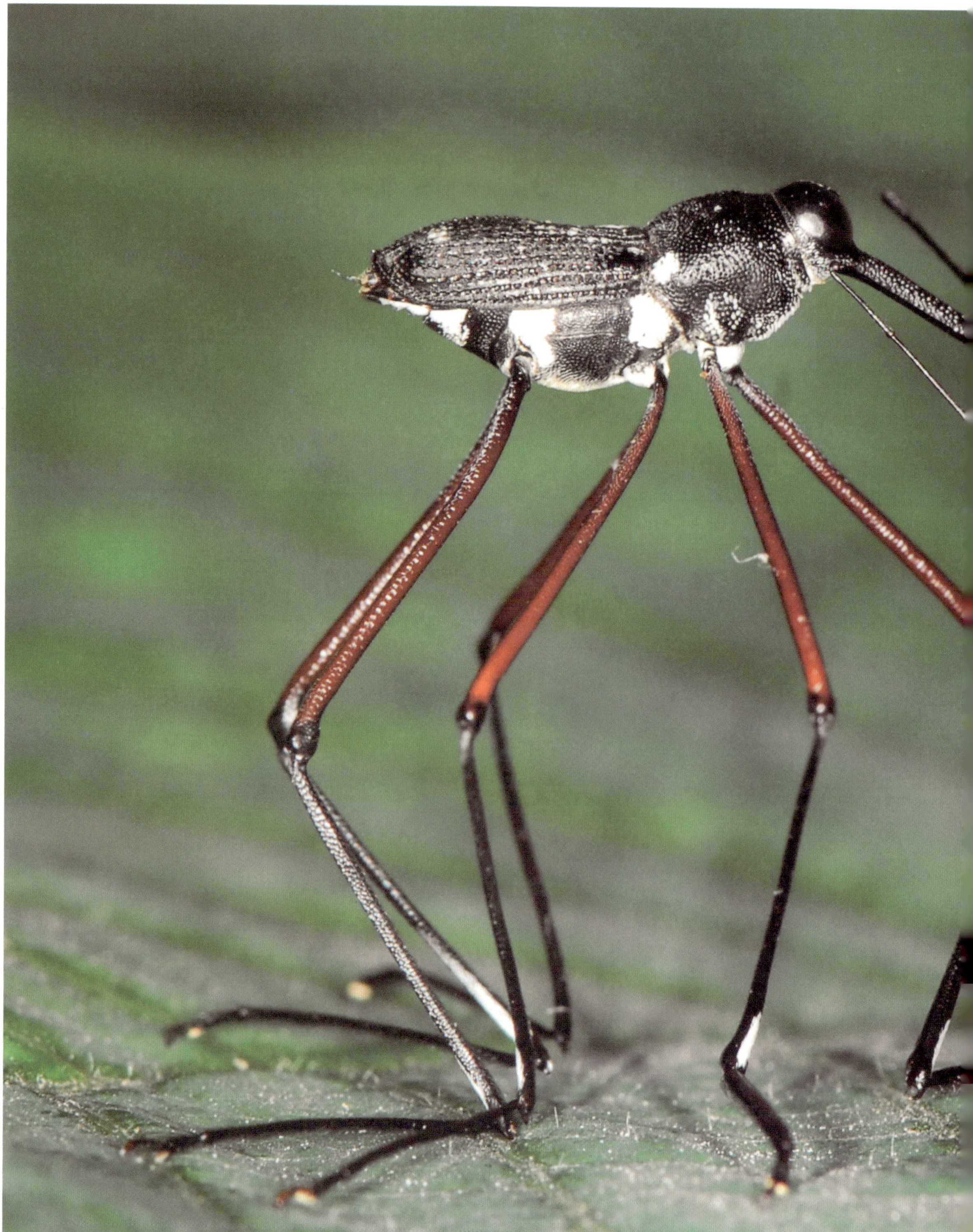

踩高跷

摄影 / 姜春燕

我是被自然选中的喜剧演员
卓别林见着我也会不自觉地露出笑颜
请欣赏我行步的有条不紊
或是你们认为的滑稽不堪
也请接受我慷慨的俯视
高过你们头顶的我
也只缺少一个国王的皇冠

昆 虫 名：象甲

这个照片是拍的标本，采集于云南西双版纳，自然下的大眼象是类似盲蛛一样的平趴状态。但是，这个竖起来的姿势完全是顺着其关节来的，就像人一样，“熊爬”的姿势不是常态但是会有，作者也希望自己在野外的一天能够拍到它真正踩高跷的样子！

保护罩

摄影/温仕良

你正被监视着

就算你为自己筑起堡垒

却逃不开坚不可摧与弱不禁风的相对关系

总有一双眼睛

注视着你

从某个角落

或从你自己心里

昆 虫 名：寄生蜂

苔蛾化蛹时把身上的毛纺织成一个保护罩防止天敌的进入，然而一只寄生蜂在保护罩外找到突破口成功进入保护罩内，作者全程观察了寄生蜂把产卵器插进蛾蛹里完成了产卵的寄生过程。

母亲赐我绿色的盔甲
替我挂上红色的彩头
当对手靠近
我便用力挺起腰身
扬起触须
出击不带任何迟疑
我知道它们纤细柔软
但背后有母亲的眼睛
战役本身以爱的名义必将胜利

昆 虫 名：蓝凤蝶（幼虫）

当看到这只蓝凤蝶幼虫时感到非常可爱，它也感觉到有人来到它身边，便使用它的自卫方式，抬起头来伸出鲜红色的臭腺做出驱赶或反击行为。该动作好像体育运动的姿势，昆虫摄影家快速抓住了这一精彩瞬间。

淅淅簌簌

雨滴敲醒我饱食后的美梦

粮食无疑能给我安慰

但梦境确乎能给予我更多

那里我不再倚赖树汁

动物粪便、发酵食品

熟睡而清醒

睁开眼

听到隐秘的愿望溶化在雨中

昆 虫 名：甘薯梳龟甲

作者在雨后拍下了晶莹的甘薯梳龟甲，凸显了昆虫的静态之美。

昆 虫 名：食虫虻

普洱市思茅区位于云南省西南部，平均海拔1100多米，属亚热带季风气候，年平均气温22℃，雨量充沛，树木繁茂，气候湿润，生态环境保护完好，广阔的森林中蕴藏着丰富的植物、昆虫等生物资源，是生物摄影爱好者的理想拍摄之地。本照片就拍摄于此。

攀

摄影/侯忠明

我知道此刻光线正好
微风轻拂而来
从东南角
卷曲的藤蔓与我身形的弧度辉映成趣
这些全都不出我的预料
看吧
所有的事全在我的把握中
看吧
也就
在这一秒

狭路相逢

摄影/黄贵强

荣誉和尊严都得靠自己挣得

靠额头触角的高度挣得

靠身躯的硬度挣得

靠四肢抓力的强度挣得

靠目光坚毅的程度挣得

勇者在细嫩的树枝上对峙

身旁响起河流的轰鸣

昆 虫 名：角蝉

2016年7月，作者和几位虫友一同去云南省腾冲县的滇滩镇采集昆虫标本。有一天，大家发现许多角蝉正在吮吸核桃树的汁液，基本每个龄期的角蝉都有，是观察角蝉生活史的绝佳素材，作者发现两只长着长角的成熟角蝉在枝条上互相头顶着头，犹如两位威猛的武士狭路相逢、趣味十足，所以用镜头将它们拍摄下来。

水中待产

摄影/蒋春洁

扑通

这个位置太暴露

扑通

这个位置光线不好

扑通

不如再找找别处

扑通

扑通

分不清是水面被刺破的声响

还是自己早已过载的心跳

昆 虫 名：透顶单脉色蟌

该昆虫属较为常见且艳丽的中型种类，保护区内植物茂盛，水源充沛。作者在溪流边拍摄之际，偶见它在溪流中的枝干上落下，尾部插入清泉中的枝干上探寻，准备选择合适的部位产卵。此景难得遇见，随手抓住这难得机会，选择不同角度频频按下快门。

倩　影

摄影/阮刚石

好像是命中注定

一句我好像在哪见过你

说来俗气

闹嚷的市区

按着我们翅羽震颤的频率呼吸

冷冰冰的金属

也瞬间化作青海湖的水波粼粼

昆虫名：紫灰蝶

在一辆银灰色的汽车侧面，不知哪只小鸟留下了一堆污物，却引来了两只年轻的紫灰蝶，它们的巧遇引发了一段美丽的爱情故事，也留下了美丽的倩影，作者路遇，将它们摄入镜头。

寄　生

摄影/史宗冈

我是寄生蜂

将自己的孩子生进毛虫的幼卵

让他们啃食小毛虫的身

好得以存活

卑鄙龌龊

你们知道就好

这行径不光彩

我却难以逃过

想让孩子们活

只想让它们活

昆 虫 名：番茄天蛾（幼虫）

图片中的毛毛虫是番茄天蛾的幼虫，学名为天蛾科五斑点天蛾，在番茄植株上发现时已经被茧蜂寄生。

蜉蝣的剪影

摄影/王江

当你清楚地看到我与太阳的明暗分界

细细追溯我薄翼上的脉纹

暗自惊叹我细长的尾羽

你得承认

你已经被我吸引

认为我很迷人

你得承认

这是一只蜉蝣

对另外一只蜉蝣的情感

昆 虫 名：蜉蝣

6月的一天早上，大雾弥漫，作者来到河边准备拍摄昆虫。大约7点多钟，太阳从雾中闪了出来，不一会又消失在雾中。庆幸的是作者没有浪费这难得的瞬间。

春天报喜

摄影/郭仲荣

用破茧的窸窣代替鞭炮的霹雳

昭示春日的降临

红色是勃勃的生机

黄色是盎然的春意

翅羽合翕中

已然瞥见万花盛开的情景

昆 虫 名：报喜斑粉蝶

作者在广东省珠海市平沙镇孖髻山森林公园拍摄所得。

当 担

摄影/侯永昆

是谁将你们赐予了我
这一个个小精灵
虽不曾信仰基督
也想虔诚地感谢主
这一生只做一棵圣诞树
树上挂满
你们想要的礼物

昆 虫 名：刺蝶（幼虫）

世界上的每一个生物都是地球的主人，与我们生存在同一片蓝天下的小昆虫，有美丽神奇身影！让我们共同热爱大自然，保护好我们赖以生存的生态环境。

展翅远航

摄影/罗恒礼

嘟——

听我吹响起飞的号角

嘟——

整个世界都是我飞行的航道

有人说世界很大我很小

换个视角给你看

我很大

世界才小

昆 虫 名：狭长前锹甲

拍摄飞行版的昆虫照片有一定的难度，首先要有很好的耐心，其次还要有一定的运气。发现昆虫后，慢慢的,轻轻的接近它，在不惊动昆虫的前提下完成构图，测光等拍摄工作，然后静等昆虫起飞，有的昆虫长时间不动，可以用树枝惊扰它一下，在它起飞的瞬间按下快门，完成拍摄。

生命延续

摄影/彭欣

看看这里多么热闹拥挤

这只的眼睛

那只的肚皮

瞅来瞅去看见的总是自己

是谁贸然

在我身边放下这么多面小棱镜

来不及生气

早已醉心于这爱与生命的小把戏

动 物 名：三斑丽蛛*

2016年9月到广州附近的南昆山景区游玩，总是习惯性地寻找昆虫，在一块农民的菜地里发现了三斑丽蛛雌蛛正在守护着它的儿女们，此时此景，心情非常地兴奋，观察了很久，然后拍了下来。

*蜘蛛和蝎子、蜈蚣一样，不属于昆虫，因为昆虫的基本特征是体躯三段（头、胸、腹），2对翅膀与6只足。

蝶角蛉破壳

摄影/王江

黑白相间的卵壳

是专属于我们的琴键

不知道等待多少个黎明

多少个深夜

终于迎来了这天

能给万物合奏一曲

我们生命的交响乐

昆 虫 名：黄花蝶角蛉

东北每年5—6月，到了产卵的季节，它们把卵产在光秃的草杆上，双行排列。大约20天左右开始孵化。

和平共处

摄影/杨穗强

关于蚜虫与黑蚂蚁

百度百科这样写道

蚜虫是地球上最具破坏性的害虫之一

但它们能够为黑蚂蚁提供含有糖分的蜜露

所以黑蚂蚁是蚜虫绝对的保护者

蚜虫是害虫

但它们是黑蚂蚁的小珍宝

昆 虫 名：黑蚁

这种黑蚂蚁主要产于广西、云南、大小兴安岭原始森林一带。食性广泛且食物辨别力强。黑蚁是群居小动物，分工明确。本张照片显示，蚜虫和黑蚁之间有互利互助的作用。

黄金甲

摄影/虞静静

是谁来犯

逼我重出江湖

马步稳扎

不惧乱石苔藓

披坚执锐

不惧箭矢刀锋

一招一式间听到笛笙磬鼓

琴瑟圩竹

昆 虫 名：中华大刀螳（螂）

午后2点的乡间小路，狭路相逢，大刀螂警惕地向作者亮出它的螳螂拳，作者瞬间卧倒，记录下它威武的一刻，此刻它的翅膀在逆光下就像一件黄金战甲。

蜕　变

摄影/桂劲松

不需要掌声与呐喊

不需要喝彩与欢呼

甚至连配乐也一并省去

只需要你片刻专注的眼神与目光

呼吸也劳烦屏住

敬请欣赏

我生命中的第一支舞

昆 虫 名：螽斯

云南丰富的自然资源和立体气候为生物多样性提供了充足的生存条件。图为新生命诞生的情景。

人脸蜘蛛

摄影/桂明

我的样子
别致而传统
博物馆中陈列的出土人像
远至汉代的陶器
再远至战国的泥塑
数目最多的
大多是这副面孔
原来千千万万年
众生都一样
生活在网中

动 物 名：蜘蛛*

大千世界，有数以亿计的生灵种类生活在人类的盲区，每个生灵的出世都有它存在的理由，每个生灵个体之间的相生相克更是世界繁衍生息的变迁，转瞬即逝的缘分。

*蜘蛛和蝎子、蜈蚣一样，不属于昆虫，因为昆虫的基本特征是体躯三段（头、胸、腹），2对翅膀与6只足。

好味道

摄影/侯忠明

就是这一滴一滴的花蜜
最能滋润我心
晶莹剔透的肌肤
精致细腻的纹路
都能归功于此
任万物疵砺
任年谷难熟
我且做个藐姑射之山的神仙
逍遥神游沉醉于这般甘露

昆虫名：螽斯

作者深入太阳河、梅子湖森林保护区开展生态、昆虫拍摄活动，采集了大量的生物、昆虫图片，从中享受大自然之美，享受千姿百态、千奇百怪的生物、昆虫带来的丰硕盛宴，乐在其中。

奔 梦

摄影/姜春燕

总有一刻该抛下所谓的羁绊

抛下所谓的烦扰

重新用力扇动翅膀

纵然它们已经沾满尘土

在双脚离地的瞬间

再次变回一个追梦的赤子

昆 虫 名：金龟

清晨，阳光斜斜地洒进亚利桑那的雷塞峡谷。这个地区有很多发着金属光的金龟。只是觉得它眼下的沟纹连着口器很想微笑的表情，拍了几张，结果它就害羞的要跑掉，转身起飞的瞬间，恰好被定格，又正是朝着太阳的方向，拍完自己心里也是暖暖的，生命都渴望自由，那就飞吧。

蝶恋花

摄影/蒋春洁

晴空澄澄似春光
明是初遇
却闻桃花香
倩影翩翩相对望
何时抵足诉衷肠
几番旋旋枯思量
玉果琼汁
情思漫怀觞
来日未必定方长
不如今朝化鸳鸯

昆 虫 名：报喜斑粉蝶

当时是12月份，北方早已天寒地冻，而珠海仍暖如春夏。该蝶属越冬蝴蝶，在南方广有分布。此时正是它们活跃的谈情说爱，追花逐蜜的季节。这天是艳阳天，作者出来寻蝶，发现一颗盛开花的树上有许多报喜斑粉蝶在采蜜嬉戏，谈情追逐。于是作者等待时机，调好光圈速度，用高速连拍的方式抓住了这一难得的瞬间。

伺机而动

摄影/李虎

看我无声无息的蛰伏
纹丝不动的苦守
相机不是捕捉这一瞬间
只是呈现了我的状态
在这迅猛疾飞的时代
是该为“动”与“变”祛魅
揭示在它们背后
同时也远在它们之上的
“静”与“恒”的存在

昆 虫 名：冕花螳

冕花螳，也被称为“兰花螳”，是比较珍稀和漂亮的螳螂，拥有完美的拟态和高超的捕食技巧，尤其擅长“守株待兔”的捕食方式。这只雌性的冕花螳拍摄于马来西亚沙巴州特鲁斯马迪山的热带雨林中。通过广角镜头呈现了这只螳螂静待猎物、伺机而动的状态。

茅屋之恋

摄影/欧阳临安

阳光温柔地照着
我们依偎着
停歇在茅草上
茅草在结自己的种了
我们也在结自己的种子
不说话
在一起
就十分美好

昆 虫 名：鹿蛾

傍晚的山道旁，枯草上盛开着爱情之花，那是一对鹿蛾在交配。因为有爱，茅屋也变得温馨；时光也可以停滞，它们交配的时间很长很长。我不禁问：爱情之花会永开不败吗？珍惜当前吧。鹿蛾是鳞翅目昆虫中长相较为奇特的种类，外形似斑蛾或黄蜂，分布于我国各地。翅面常缺鳞片，形成透明窗。

睡 醒

摄影/邱见玥

我要如何表达我对大地的依恋

稀松温软的土壤

给予我温暖

赐予我屏障

我从泥土中醒来

最终也将在泥土中睡去

大地是我的故乡

昆 虫 名：绿绒斑金龟

绿绒斑金龟的幼虫期从每年6月开始至10月，11月当天气转凉时，幼虫纷纷停止进食，结土茧并以预蛹状态越冬，直到次年4月开始化蛹，羽化后的成虫经过短期蛰伏方可外出活动。在一年中，它们有长达半年之久都处于不吃不喝的休眠状态，当新一代成虫羽化时，作者将之谓为“睡醒”。

黄猄蚁

摄影/王誉策

可以被打败

但绝不能被击倒

这是斗士的座右铭

站起来

我可怜的对手

渺小的你仍旧可以做一位精神上的巨人

这样在我出击时

不会因为怜悯而迟疑

不会因为愧疚而畏缩

心甘情愿地承担起

那恃强凌弱的罪名

昆 虫 名：黄猄蚁

主要分布在我国南方广西、云南、海南等地。黄猄蚁生性凶猛，擅长捕食各种昆虫，是树栖蚁种，会利用幼虫吐丝卷起鲜活树叶筑成“蚁包”栖息，大群落的黄猄蚁普遍有多个副巢。这张黄猄蚁是在西双版纳拍到的，当时作者看到地面上很多黄猄蚁在忙忙碌碌的，就蹲在地上开始观察，发现是地面散落了一些食物残渣，一些体型较小不知名的蚂蚁和黄猄蚁一起在搜集食物，不少蚂蚁还撕咬在一起。黄猄蚁体型较大，性情凶猛，体型较小的蚂蚁根本不是对手，但还是顽强的和黄猄蚁进行战斗。

美　餐

摄影/张宁

是污水

是明镜

地面以上是现实

地面以下是幻影

两者相连

竟又成为了一个完整的自己

昆 虫 名：二尾蛱蝶

二尾蛱蝶是一种身体强健，飞行迅速，有着两对尾突的美丽蝶种，盛夏时节常活动于林间的开阔地带及山溪谷地，喜集群取食树汁、动物粪便及发酵食品。2016年7月18日上午，当作者在浙西大峡谷进山采集时偶然发现数十只二尾蛱蝶在带有鱼腥味的水潭旁集体取食，美餐一顿。为不惊动它们，作者蹑手蹑脚慢慢靠近，俯下身子，按下了快门，水的倒影更彰显出二尾蛱蝶傲然的身姿。

天 使

摄影/侯忠明

在这一刻人们突然变得温暖
忘掉仇恨
纠纷与骚乱
就算前方仍旧灰暗
却有真实的勇气与能量
编织一个美好的憧憬
给幼小的天使做伴

昆虫名：蛾幼虫

摄于云南省普洱市思茅区。这张图充分展现了摄影家的构图技巧。

透

摄影/侯永昆

昆 虫 名：荔蝽

世界上的每一个生物都是地球的主人，与我们生存在同一片蓝天下的小昆虫，有美丽神奇身影！让我们共同热爱大自然，保护好我们赖以生存的生态环境。

透明的
我的身体是透明的
无人注意我的时候
那些隐秘的情感
丝丝浮现
化作身上的纹路
一面静思的玻璃
一面易碎的湖

甲蝇亮翅

摄影/彭欣

昆 虫 名：甲蝇

甲蝇是一种奇特而非常机警的昆虫，平时很难见到它们，每次去寻找它们都要非常地小心，一有风吹草动就飞得不知所踪！2016年9月在广州大学城的一个小山坡里，作者又惊喜地发现了它的踪影，小精灵被惊飞几次后，也许是累了或是草丛中有雨水，它终于停了下来还亮出了硬壳下的翅膀。

无名的树叶是我休憩的小站
我舒展四体
放松翅翼
还来得及的时候
是该好好放松一会儿
在去面对整个世界之前
在去面对整个未来之前

小组三重唱

摄影/陈开祥

是父母与孩子
还是三个姊妹兄弟
又或只是路人缘分投机
这些问题都不打紧
你只需要悄悄听
在温暖的阳光下
听这全世界都懂的声音

昆 虫 名：小檗绢粉蝶

作为长期生活在南方的作者来说，一踏上东北的土地，特别是见到了在南方不曾见到的昆虫，除了感到新奇外，总有一种莫名的激动。2016年6、7月间，作者用了20多天时间，实地考察了东三省的大部分国家级自然保护区，用脚步丈量了那里的深山峡谷。

与小檗绢粉蝶相遇，是在一次进山考察返回的路上，它们正准备就晚餐？还是下午茶？作者一步一步小心翼翼、悄悄地靠近，并加入到它们的队伍中。首先是一只，而后又一只，又一只……它们不停地变换着位置，展现着各种姿态，作者的镜头随着它们舞蹈，随着它们歌唱。在晚霞的映衬下，与一群美丽的精灵相知相遇，这不能不说是一种缘分吧。

以小胜大

摄影/董琳杰

假的

你那庞大的身形

嚣张的气焰

都是假的

从你成为我真实的俘虏开始

我只信仰自己的决心

自己的力气

昆 虫 名：食虫虻和苍蝇

2014年6月20日下午3点多钟，作者去保定植物园摄影，看到一颗杨树的树干上，一只食虫虻在捕杀一只苍蝇，便蹑手蹑脚的小心靠近，由于他们的复眼都很漂亮，所以采取了正面的角度，即可突出它们的形态，也可以同时表现它们漂亮的复眼，按动快门，捕捉到它们残忍而美丽的瞬间。

钢丝侠

摄影/桂劲松

蜘蛛丝

是由蜘蛛尾部的喷出的液体

与空气产生化学反应后形成的

不规则的蛋白分子链赐予它弹性

规则的，则让它强韧坚硬

两者一起

成就了一位自然界的建筑天才

动 物 名：棘腹蛛*

云南丰富的自然资源和立体气候为生物多样性提供了充足的生存条件。图为棘腹蛛拉丝的情景。

*蜘蛛和蝎子、蜈蚣一样，不属于昆虫，因为昆虫的基本特征是体躯三段（头、胸、腹），2对翅膀与6只足。

无论顺境或是逆境 / 富裕或贫穷

健康或疾病 / 快乐或忧愁

都永远在各自左右

不需要外人为我们证词

神圣的约定早已融入血中

昆虫名：蝽

作品拍摄于2016年9月12日珠海香山驿站，在一棵柑桔树上发现，属半翅目，蝽科。

猎蝽宝宝学步

摄影/刘振英

我要到遥远的地方去
穿过这一片叶子
和下一片叶子
做一个远行者
不要取笑我滑稽的步伐
不要担忧我瘦弱的身躯
勇敢迈出襁褓的时候
我就取得了第一个胜利

昆 虫 名：猎蝽

猎蝽宝宝学步摄于2016年7月12日下午3点，作者扛着相机悠然地走在田头的草丛中，一边聊着天一边采着野花，偶然间发现野花的叶子上有米粒大小的东西在爬，定眼一看是一个刚出壳的小精灵，急忙架好相机，于是抓拍到它可爱的样子，后来问了专家才知道它叫猎蝽，上网一查果然是。

起　飞

摄影/罗恒礼

我与晨光一同默默展开

我与晚霞一同默默展开

我与黑夜一同默默展开

去采撷每一颗露珠

去触碰每一朵火烧云

去收集每一颗星星

昆 虫 名：翼蛾

作者耐心地等待，在翼蛾起飞的瞬间拍摄下了这美丽的一瞬间。

金　蛋

摄影/欧阳临安

熟睡的我们静静等待着
某个重要时刻
在那之前
能做的还有很多
比如凹个后现代的造型
编制一套生命密符
给外太空的某个角落送去

昆 虫 名：竹卵圆椿

在桂北山区的竹林里，午后的阳光从竹叶缝隙漏下来，照亮了竹子上的卵．给它们镀上一层金。昨天路过怎么没看见？有多少视而不见的风景啊!这是半翅目圆蝽科的卵。蝽俗称“臭大姐”，常有臭腺，具防御和报警等作用。具针状口器，吸食植物汁液。

飘舞的小金屋

摄影/阮刚石

在废弃的屋边草丛里
驻起了一座金色的城堡
城堡外风雨飘摇
城堡内宁静安逸
金色的梦正悄然升起

昆 虫 名：（不详）虫茧

9月的一天，在一栋废弃的屋边草丛中，一只小昆虫已经作茧休眠，它躲进了自己编织的“金色小屋”，随风飘舞，酝酿着来年的岁月，作者外出广东恩平旅行，在一片草丛中发现了这个黄灿灿的亮点，并把它摄入了自己的镜头。

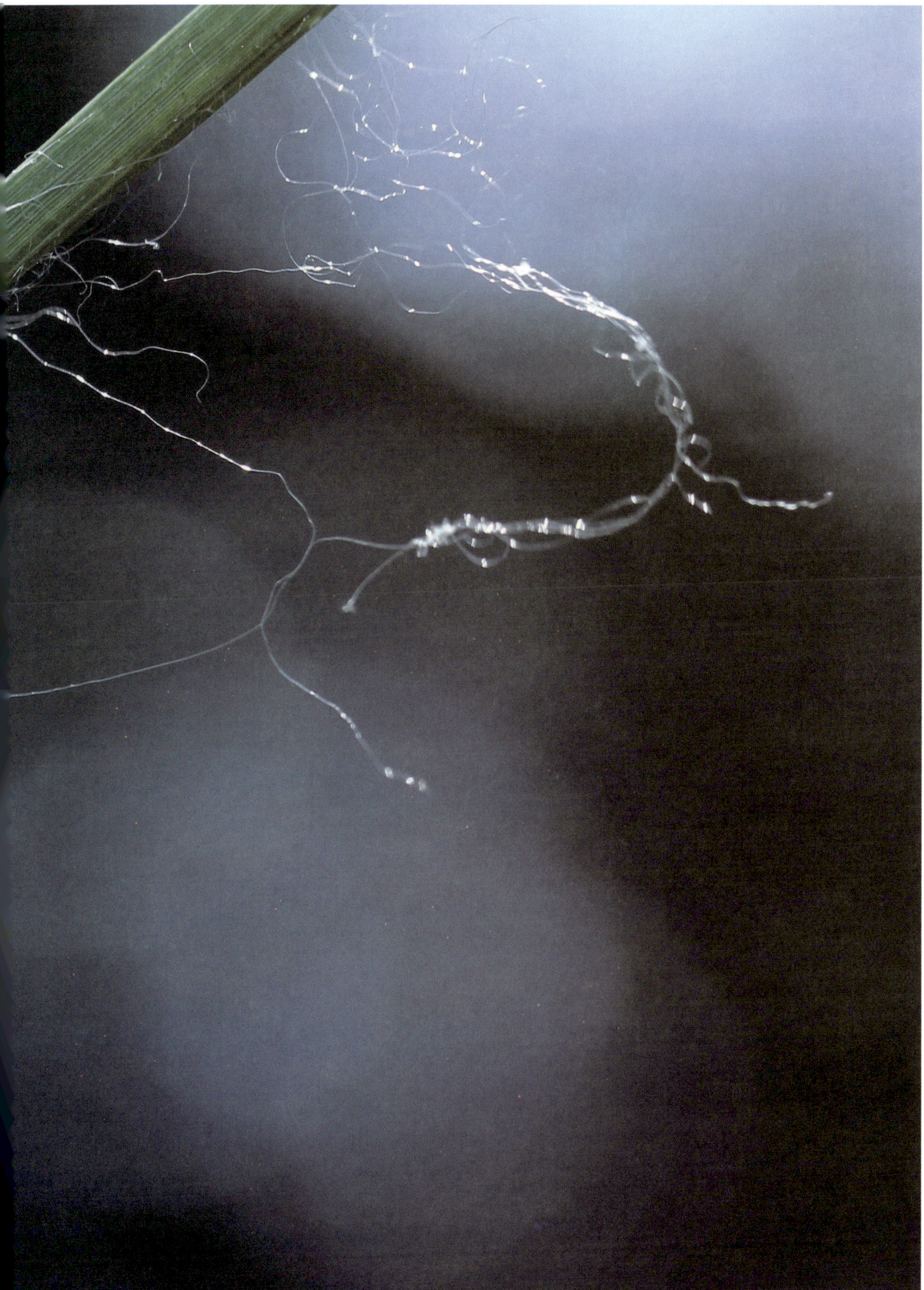

一米阳光下的幸福时光

摄影/田川

太阳映照在我们的薄翼上
比往常更加温暖
风吹卷着我们停歇的苇草
比往常更加猛烈
我们在此刻得到了风
我们在此刻得到了太阳

昆虫名：豆娘

蓝天庇护，白云相伴，斜阳温婉，芳草微薰，一对微小的生灵，正在倔犟地绽放！

漂浮的涧黾

摄影/王建赟

与水流一起浮动的时候
自己也变成了水流
恍惚间仿佛得到了
利万物而不争的勇气
如水般柔弱
如水般坚强
如水般包容
如水般善良

昆 虫 名：黾蝽

作者镜头下的黾蝽孤独、寂寞，展现了静态之美。

请勿打扰

摄影/王音

我是蚜虫的天敌
负责将他们吞食干净
蚜虫是这株植物的天敌
阻碍它的生长
传播病毒
使花叶畸形
我在做一个除恶的卫士
请收起你的怜悯

昆 虫 名：异色瓢虫

一株植物上布满了鲜黄色的蚜虫，一只异色瓢虫正在寻觅猎物，当它来到蚜虫密度较高的部位后很快找到了适口的目标，对其中一只蚜虫展开了猎捕行动。看着瓢虫开始捕食，作者按下了快门，这张照片的角度看起来就像瓢虫发现有人在拍它，于是示意“请勿打扰”。

振　翅

摄影/谢世勇

为甜蜜所诱惑
为酝酿而劳作
你不知道自己的美丽
定格在与花儿接吻的一瞬
嗡嗡嗡的甜言蜜语
在一缕缕微风中飘散

昆 虫 名：瓢虫

一次户外的微距拍摄中，发现一只瓢虫正趴在一朵小花上休憩，形状憨态可掬，作者赶紧将镜头对准了这小家伙，或许拍摄的过程惊动了它，就在它振翅欲飞的时候，作者抓拍到了它的动作。

力量角逐

摄影/杨穗强

我体积虽小
却是你绝对不能轻视的劲敌
凶猛好斗是我的本性
当我将口器成功钳上你的触须
对你而言
更艰苦的回合已经来临

昆 虫 名：黄猄蚁

黄猄蚁主要产于广西、云南、海南等地，食性杂、以肉食为主，猎食吃食树叶的昆虫，如大绿蝽、天牛、吉丁虫等。2015年10月20日，作者在广州太源水库拍摄所得，当时刚好一只蝗虫落在黄猄蚁所在的树上，于是有了一场力量的角逐，生死对抗的场面被记录了下来。

全副武装

摄影/陈敢清

昆 虫 名：小豹律蛱蝶（幼虫）

这是2014年5月20日在珠海市拍摄的一只小豹律蛱蝶幼虫。小豹律蛱蝶幼虫全身长满刺状的毛束，就像披挂着带箭头的武器装备，杀气腾腾的样子，使人望而生畏。这一模样引起摄影师的兴趣而按下快门。

这是种有毒的美丽
纤细的毛束会让不明底细的你剧痛不已
色彩斑斓的外表
诱惑你，刺激你
当然
我也有另外一种美丽
只是
给特定的对方看见而已

霓裳舞

摄影/邱济民

昆 虫 名：长尾麝凤蝶

2016年8月23日上午，作者在风景秀美的河北省赞皇县棋盘山进行昆虫普查。8月的棋盘山，溪流潺潺，植被丰茂，花绽山谷，紫粉色的醉鱼草招引来成群结队的灰绒麝凤蝶醉舞花丛。花儿在微风中摇曳，灰绒麝凤蝶霓裳羽衣，抛起水袖般的华丽长尾，翩翩起舞，作者迅速按下快门拍下了这张《霓裳舞》。

不知是蝶恋花
还是花恋蝶
这相互依存的世界
显得如此轻盈和优雅
花蕊奉献出了蜜
彩蝶传递着情话
阳光灿烂的日子里
一切都让人心旌摇曳

凝　视

摄影/冯世强

在你的凝视里有一种温情
与这温暖的小屋呼应
在我们相互的凝视中
世界一片神奇
有着款款的深情

昆 虫 名：螳螂

一个深秋的季节，作者全家在采摘板栗的林地里，发现了这只可爱的小生命。看到它在寒风中瑟瑟发抖的样子，女儿实在有些不忍心，央求我将小家伙带到温暖的屋子里。没想到在暖融融的阳光照射下，它又恢复了活力，而且在镜头前摆起了各种姿势，于是就抓拍到这张照片。

幸福生活

摄影/郭仲荣

两只昆虫的情事

本是大自然不宣的秘密

凑巧的是那支蜷曲的藤蔓

无意泄露了

这对小伴侣缠绵的甜蜜

昆 虫 名：蝽

作者抓拍到两只昆虫的情事，充满昆虫之趣。

雌雄异型

摄影/黄贵强

昆 虫 名：蚧壳虫

2015年10月，作者去生物科考圣地马来西亚的沙巴州进行昆虫考察，见到了许多从未见过的形形色色的昆虫。在一天的考察过程中，发现有一对蚧壳虫在一棵树的叶片上，通过观察实物，作者更深刻地理解了雌雄异型的概念。

你与我邂逅在一片绿叶上
仿佛偶然
却是命中注定
你与我外形上的差异
似乎超过了我们与绿叶的不同
但造物主的安排自有玄机——
我有我的俊朗
你有你如花的绽放

蝉　意

摄影/蒋春洁

昆 虫 名：斑衣蜡蝉

当天约几位朋友去乡下采风。去到一处菜地，有许多菜粉蝶在飞舞觅食，作者集中精力拍摄它们。忽然，作者发现不远处有一只黑色有斑点的昆虫，定睛一看，原来是一只漂亮的斑衣蜡蝉静静地落在菜叶上享受着日光浴。它的斑衣和红色的大眼睛格外突出。这时光线很好，作者慢慢靠近并构好图拍下了它。

树叶深邃的纹脉
是自然得意的雕刻
阳光明媚的时候
我也来充当一片黑色的叶子
翅背的斑纹闪烁如玛瑙
在太阳的恩赐中
变成一首精致的诗

爱　恋

摄影/兰星平

我怎能将你比作夏日

你比夏日更叫我炙热难耐

狂风会摧残绿叶

暴雨会冲打花蕊

可我的爱将毫发无损

你的美会在此间长存

昆 虫 名：淡灰瘤象甲

贵阳市云岩区，海拔1100米。5月的一天，在某小区的绿化植物—八角金盘上，出现了几只淡灰瘤象，它们有的在取食叶片，有的在驻足观望，有的则在追逐打闹，自由自在的享受着一生中最后一个成长阶段的美好时光。八角金盘的叶片是它们喜爱的食物之一，不知什么时候，一对已发育成熟的淡灰瘤象，彼此靠近，好一阵的“谈情说爱”，最终你情我愿，雄虫爬到了雌虫的背上，紧紧的拥在了一起，尽情地享受着爱的愉悦。

无 题

摄影/李浩铭

枯萎是我的常态

常态是我的外壳

如果你能瞥见我内心那

大大的渴望

小小的期待

你会看见它们重重叠叠

泛着绿色

昆 虫 名：叶䗛

这张照片拍摄于2016年4月马来西亚婆罗洲热带雨林，这片雨林的年纪仅次于亚马逊雨林，物种极为丰富，特别是昆虫。在野外寻找竹节虫是比较困难的事情，更何况是叶䗛，这次很幸运能见到并拍摄到它，真的很兴奋！

演绎美丽

摄影 / 庞玉英

破蛹

是蝴蝶全新生命之旅的又一起点

它们在蛹中努力长大

直到发育完全

挤裂蛹壳的那一刹

就像按下重启的按键

于是能够飞

能够超越地面

昆 虫 名：大紫蛱蝶

大紫蛱蝶成虫喜欢活动于茂密树丛间，幼虫平时停栖于寄主小叶朴树叶片丝座上，蛹则隐蔽于植物丛间，外观拟态植物叶片，藉以躲避天敌。作者终于用相机记录下大紫蛱蝶蛹在翠绿的叶片上由绿色渐变成黑色，文脉花斑逐见，胸部裂开，蛱蝶的头部、身体渐渐地破蛹而出，演变成色彩美丽的蛱蝶。

螽 斯

摄影/王誉策

你听见我的鸣唱了吗

你看见我的触须的轻微颤栗了吗

我们共有着绿色的家园

共享着生命带给我们的奇迹

即使在最不起眼的地方

也有着万物生生不息的律动

昆 虫 名：螽斯

螽斯中国北方称其为蝈蝈，是鸣虫中体型较大的一种，体长在40毫米左右，身体多为草绿色、也有的是灰色或深灰色。这张螽斯拍摄于云南红河州海拔约1000米的一座山上，大自然造物居然是这么奇妙，平常不起眼的昆虫，透过微距镜头居然是如此的美丽，如此的神奇。希望大家在欣赏美丽昆虫的同时也能多关注和保护我们赖以生存的生态环境。

蜕 变

摄影/温仕良

要在地下蛰伏多少年
你才破土而出
爬上树枝
等待羽化的这一刻
暗夜里
世界并非沉寂一片
有多少事情在发生
有多少翅膀在期待
张开
又有多少的嘹亮的歌唱
将在黎明升起

昆 虫 名：薄翅蝉

5月薄翅蝉羽化的季节。傍晚时分它们陆续破土而出爬上树枝开始羽化，羽化结束后在暗夜里等待着清晨的到来。

蜜　月

摄影 / 夏乡

爱吧 / 缠绵吧
当树叶正绿
当年华正好
爱吧 / 依偎吧
你我交融之时
没有日子
只有爱情

昆 虫 名：优越斑粉蝶

世间万物，无不为繁衍生息或创造或寻找适合的环境。一天，作者家飞来一只漂亮的蝴蝶，仔细一瞧还不是一只，是一对。它们形影不离双双舞动双翅飞啊飞，最后落到了高高的龙眼树上。随着生态环境的不断改善小生灵们的生存环境也越来越好，到处都是它们繁衍的好地方。

追　逐

摄影/张宁

你要去哪里
我便去哪里
想做你的影子
寸步不离
怕节奏慢了半拍
就再也找不见
这样相似的灵魂

昆 虫 名：美凤蝶

美凤蝶是一种大型蝶类，雌雄异型，被誉为“梁祝化身”。爱访花采蜜，雄蝶飞翔力强，很活泼，多在旷野地方狂飞。雌蝶飞行缓慢，常滑翔式飞行，雍容华贵。2015年10月4日下午，阳光灿烂，在作者驱车从昌江赶往儋州的路上，眼前忽然掠过一对美凤蝶，雄蝶不时追逐着雌蝶上下翻飞，美轮美奂，这样的场景真是可遇不可求。经过反复追踪、多次对焦，终于捕捉到了这一瞬间。

螳螂若虫

摄影/欧阳临安

昆虫名：螳螂

卷曲的藤蔓
映出思想的漩涡
微小的念头
如藤蔓上的绒草
在风中颤栗
却倔强地生长
安静的时候
就能听见它们的呐喊

蜉 蝣

摄影/杨穗强

昆 虫 名：蜉蝣

别责怪造物主下手如此小气

我感恩他把我造得如此玲珑精致

在每一个旭日升起的清晨

橙色的阳光会与橙色的身肢融为一体

那是振翅的最佳时期

柔软的坚强

摄影 / 李浩铭

昆 虫 名：叶子虫

柔软多汁的躯体

是无数动物渴望的美餐

只好武装起长长的毒毛

努力撑到化蛹的那天

憩

摄影/蒋春洁

昆 虫 名：裳凤蝶

在你我共同休憩的片刻
快来欣赏我金光闪闪的翅膀
这是造物主给我的华丽衣裳
这是造物主给我的高贵标记

冰清玉洁

摄影/李跃

昆 虫 名：小红蛱蝶

绿色会让你想到什么
一株植物的勃勃生机
灰色会让你想到什么
水泥
或是钢筋
当你走出霾雾重重的城市森林
会发现灰色的
另一重意义

对　话

摄影/陈敢清

昆　虫　名：长足捷蚁

硕大的世界

可有我的栖身之所

请告诉我

这片叶子之外

我会遇见什么

请告诉我

这充沛的阳光

是邀请吗

是鼓励吗

是庇护吗

思

摄影/蒋春洁

昆 虫 名：斯蚊

橙红的昆虫
莹绿的树叶
残缺的叶子
枯态的翅翼
神奇的自然之力
就隐藏在其中

背着的爱

摄影/蒋春洁

昆 虫 名：蚱蜢

自己一直
在等待着某一刻
承担一份责任
承诺一个未来
战战兢兢
却又稳稳当当地
为爱负重前行

求　偶

摄影/邱璐

昆 虫 名：弄蝶

当残缺的我
遇见残缺的你
突然明白
完整的意义
在与他者建立的关系中
总蕴藏着让自己强大的力量

舒　袖

摄影/彭欣

昆虫名：广翅蜡蝉

当你惊喜地望着我
也许会突然领悟
大自然如此偏爱对称轴的原因
她借我翅翼的图案
给你们传送友好的讯息

蜻蜓出壳

摄影 / 彭欣

昆 虫 名：蜻蜓

从稚虫到成体的羽化

跨越了水面到天空的距离

小绒毛们

都不禁肃然起敬

列队欢迎

彩　蛹

摄影/彭欣

昆虫名：蝶蛹

一个生命体

由于光线的反射与折射

拥有了金属的质感

像一盅铜铃

风一吹就有悠扬的声响

亲爱的一家

摄影 / 秦彧

昆 虫 名：麻皮蝽

一定是特别的缘分
让我们诞生于
同一片绿叶之上
纵使生活挫折重重
悲伤总压过欢喜
可聚在一起
就能感受到温情

挥 手

摄影 / 杨穗强

昆 虫 名：蜉蝣

抬起前足

给世界打个招呼

给自己指个路

轻声问自己

在短暂的生命中

想要得到什么

想要去向何处

串　珠

摄影/张信

昆 虫 名：溪蛉

在这纤细的丝上产卵

是个细致活儿

不过正好和此刻敏感的情绪相应

与美好前程相比

更希望你们有颗强大的心灵

求　偶

摄影/钟广平

昆 虫 名：食蚜蝇

自然赐予了我们繁殖的本能
却没有告诉我们爱的秘密
惊喜的是
在你眼中
我好像发现了些许

美 餐

摄影/赵刚

昆 虫 名：食蚜蝇

汁液丰盈的水果
是蕴含宝藏的行星
等待某位幸运者
去发现
去探索
去占领
于是我到来
我看见
我征服

幼 年

摄影/张静

昆 虫 名：长翅稻蝗

谁的童年没有五彩斑斓的梦
谁的童年没有自己的秘密王国
但愿年岁不会让色彩褪去
但愿风雨不会把王国摧毁

蝽宝宝

摄影/张信

昆虫名：蝽

快来瞧瞧

一片树叶的神气

明晰的脉络

输送生命的汁液

平展的叶面

承载着

十四个生命的未来

蝶恋花

摄影 / 钟广平

昆 虫 名：蝴蝶

当蝴蝶的羽翼镀上花瓣的颜色

采取花蜜

雌蕊授粉

便成为一种仪式

恍然明白

蝶与花的恋曲

为何奏响

食

摄影 / 郑童

昆虫名：巨圆臀大蜓

你不得不疑惑

是否真有造物主存在

这样一位伟大人物

肯定是位艺术大师

精通数学与色彩

剪　影

摄影 / 王江

昆 虫 名：黄花蝶角蛉

与你初识的那天

是傍晚还是清晨

已记不清楚

只知道背景是一轮太阳

炙热像你的眼睛

炙热像我的心脏

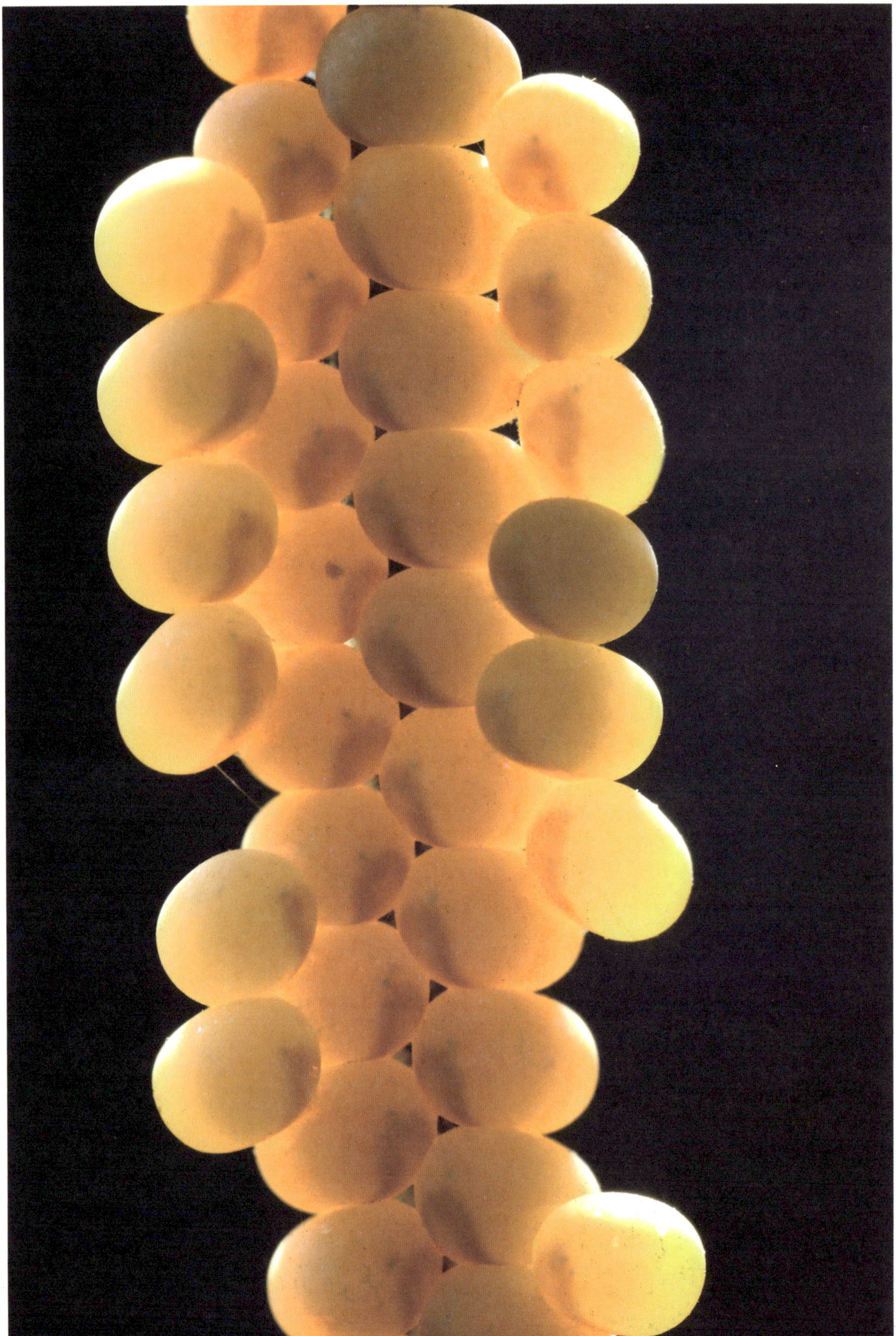

蜜　蜡

摄影/王江

昆 虫 名：黄花蝶角蛉（卵）

我孤独吗

我孤独吗

我在沉睡的时候问自己

你好啊

弟弟

你好啊

哥哥

梦中听见千千万万个回响

| 仰　头 |

摄影/王勇

昆 虫 名：柞蚕（五龄幼虫）

我的一生

只有28天

从卵到蚕

从蛹到蛾

28天里我能看到什么

经历多少

在陷入困扰之前

不如先为每一个新鲜感

欢呼纪念

瞪 眼

摄影 / 王誉

昆 虫 名：象甲

姿态要庄严

步伐要威武

形单影只

踏出千军万马的气势

足下虽是绒绒青草

心中自有大漠长河

丝丝入扣

摄影/王誉策

昆虫名：丝螳

30毫米的躯体

这个小个子

这个好家伙

在被人忽略的地方

坚强生长

炽热的爱

摄影/阮刚石

昆 虫 名：华斜痣蜻

粉红的云朵

粉红的糖果

粉红的你

粉红的我

愿这样一个粉红的梦

永远不要醒来

重眉压目

摄影/李浩铭

昆 虫 名：蛾蜡蝉

当我的身体被压住

头和前胸便作叩头状的活动

磕头虫

人们因此这样叫我

当你被重担压得喘不过气

你会怎么做

白发爷爷

摄影/阮刚石

昆 虫 名：食虫虻

不要轻易打扰
一位歇息的长老
与其挥手示好
不如用镜头
将尊重与敬畏聚焦

深山色蟌

摄影/秦彧

昆 虫 名：透顶单脉色蟌

身姿修长

躯体碧蓝

纹路缜密

光彩斓斓

且看这只上帝的宠儿

傲然在此深山溪岸

飞行家

摄影 / 蒋春洁

昆 虫 名：燕凤蝶

感受风力

调整翅翼

修长的尾突

标记航行的路线

优秀的飞行家

总是严肃对待每次航行

搬卵的蚂蚁

摄影 / 董琳杰

昆 虫 名：蚂蚁

独自来到这个世界

干枯的大地

是我生命的起点

沿着沙砾一步步走下去

总会遇见河流

总会看见草地

古老的传说

摄影/罗恒礼

昆 虫 名：螳螂

拟态成花
拟态成叶
拟态成水滴
似枯枝
似苔藓
似幽灵
是上古传下来的秘诀
是优秀猎捕手的真经

深秋美眼

摄影/秦彧

昆 虫 名：美眼蛱蝶

翅膀上的斑纹

美丽如孔雀开屏

可这不仅仅是装饰

当鸟儿袭来

眼状的图案

便能吓退残忍的捕食者

贵夫人

摄影/阮刚石

昆 虫 名：蛾

总有一天

叶子会变成阶梯

带我走向天上

黑白的羽翼镀上金色的阳光

配上自己贵妇的梦想

绿蝉脱壳

摄影/彭欣

昆 虫 名：蝉

是生命的力量

带我从棕色的枯壳里逃亡

永远作生命忠诚的随从

往诗与远方飞翔

跃

摄影/董琳杰

昆 虫 名：粉象甲

为心中的目标

发起冲锋

腾跃咫尺

也有那么一刻

更加接近天空

爬

摄影/欧阳临安

昆 虫 名：大竹象

而今迈步从头越

摄影/田川

昆 虫 名：纺织娘（蝈蝈）

以仰望的视角

观看一场角逐

空旷的背景

渲染出激烈的氛围

当阳光为胜利者的披风镀金

我们知道谁的高傲溃不成军 ◎

朝生暮死

摄影/蒋春洁

昆虫名：蜉蝣

微风传来你的消息
清冷的湖不懂我的忐忑
却也热心地倒映出
我匆忙的身影

双黾共进

摄影/蒋春洁

昆虫名：水黾

交配时

贴近水面的雌性水黾

更容易成为鱼儿的美餐

是谁为爱承担风险

是谁为爱心惊胆颤

查 看

摄影 / 蒋春洁

昆 虫 名：脚蝇

背上一根根绒刺

是护身的武器

是危险的信号

是求生的法则

丑陋又骄傲

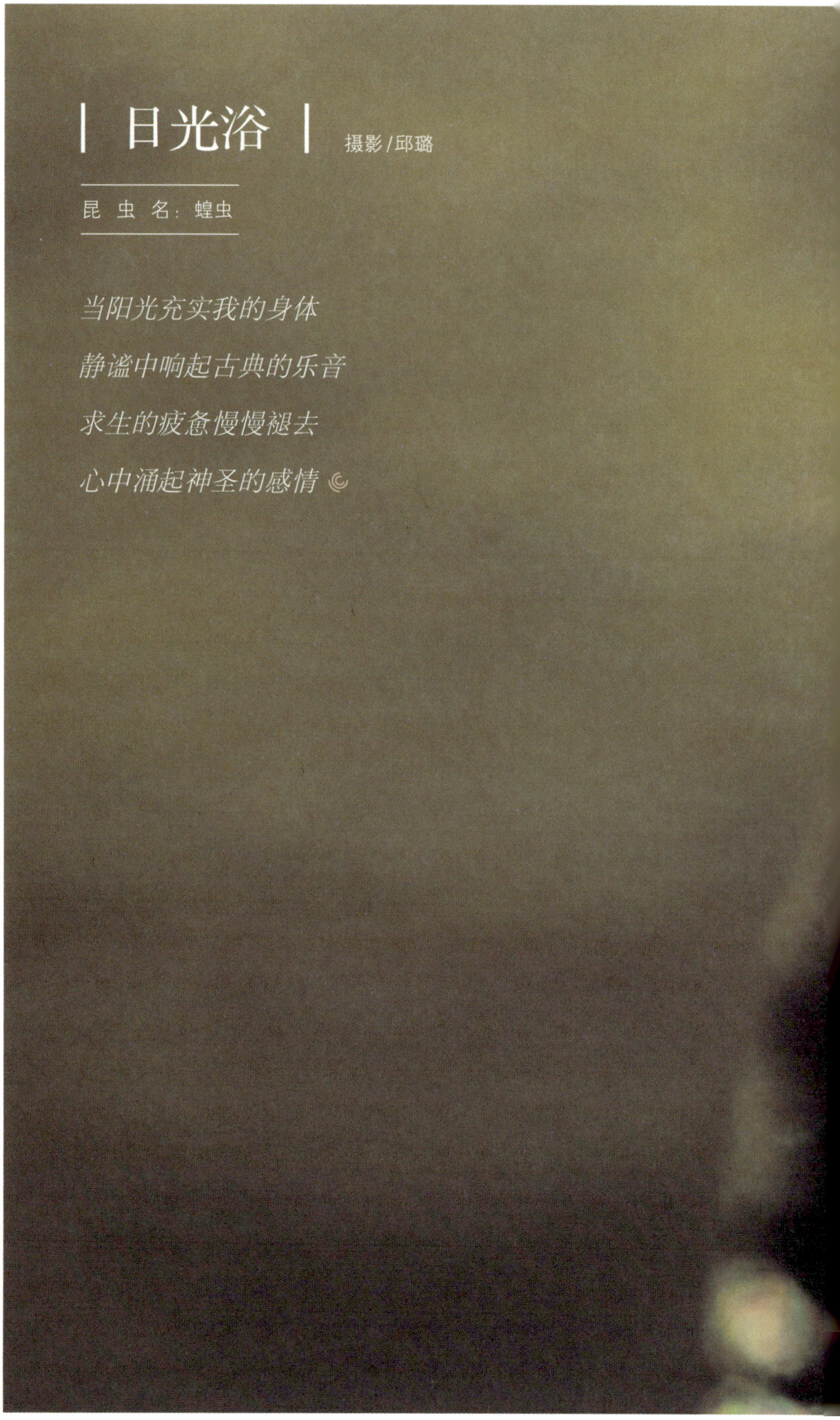

日光浴

摄影/邱璐

昆 虫 名：蝗虫

当阳光充实我的身体

静谧中响起古典的乐音

求生的疲惫慢慢褪去

心中涌起神圣的感情

聚

摄影/董琳杰

昆虫名：蝽

午睡时光惬意安静
阳光懒懒地
盖在我们身上
快听
快听
是谁做了个美梦
叽叽喳喳
发出声响

蝶恋花

摄影/欧阳临安

昆虫名：蝴蝶

那个风和日丽的下午
我距离你还有三厘米
风儿似乎察觉到某种情愫
为我缩短了遥远的路程

霸王硬上弓

摄影/欧阳临安

昆 虫 名：紫茎甲

我们会有自己的小窝

子孙满堂

欢愉的时刻

所有的谎言都能被原谅

这是个节日

等待挑战

摄影 / 李虎

昆 虫 名：锹甲

悬崖峭壁

嶙峋乱石

都无法阻挡我前进的步伐

额前的长戟

拥有冲破一切障碍的锋利

黑里俏

摄影/秦彧

昆 虫 名：闪绿宽腹蜻

飞过一根一根枝干
去找答案
飞过一根一根枝干
去找自己
在没有伙伴的日子
我只有独自成长

过 桥

摄影/阮刚石

昆 虫 名：淡灰瘤象甲

我走来
带着坚强的躯壳
带着深绿色的影子
开启我的旅程
开启我的故事

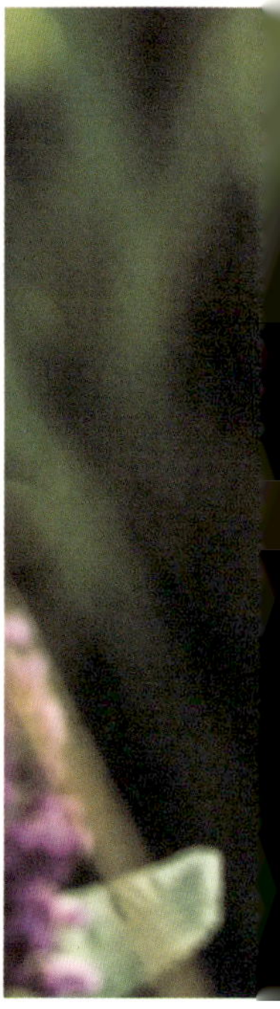

孤独的铁牛

摄影/阮刚石

昆 虫 名：天牛

我们靠触角寻觅同伴
嗅取食物
感知身边的一切
触角的长度
衡量着我们的
力气、胆识、与尊严

飞 舞

摄影/邸济民

昆 虫 名：长喙小豆天蛾

多幸运
拥有一双灵动的翅膀
带我飞过丛丛植株
领略万花的姿态与芬芳
困倦时
停歇于亲切的大地
又能嗅到泥土的清香

羞

摄影/侯忠明

昆 虫 名：螳螂

清凉的雨水
洗去泥淖与疲惫
在此我获得重生
抬起前足
低头祈祷
抹去心中的泪痕

空中行走

摄影/蒋春洁

昆虫名：丽蝇

线缆上
蝇虫整齐地停歇
好像一支小分队
正高空作业
无声的电波
传递着伙伴的默契

一　体

摄影/王誉策

昆虫名：叶䗛

为生存风餐露宿

为生活风尘仆仆

我说

不如来世做一片湛黄的枫叶

一开始就生活在高处

翘　首

摄影/陶剑

昆 虫 名：舟蛾

风热情地舞蹈

欢迎生命的降临

叶片在颤簸

是谁正惊奇地看着我

黑夜中的光亮

摄影/董志巍

昆 虫 名：萤火虫

盘在冷冷的黑夜里

开始一个暖暖的梦

从星星荧光中

看见银河汩汩

流过夜空

海底再现

摄影/陶剑

昆虫名：灰蝶（幼虫）

在不为人知的地方

悄悄成长

在成蛹羽化之前

就好好享受

慢悠悠的时光

静

摄影/陶剑

昆虫名：蝎蛉

并不擅长飞行的我们
困在潮湿荫蔽的森林里
在腐食开始之前
静静等待生命的凋亡

黑暗中的舞者

摄影/陶剑

昆 虫 名：巨腿螳

扬起前臂
接受黑夜的洗礼
星空的深邃笼罩着我
夜晚的宁静护佑着我
加冕我成为国王 ◎

艰难的新生

摄影/秦彧

昆 虫 名：低斑蜻

独立的前后翅

使蜻蜓能够做出一系列高超的飞行动

翅膀前缘加厚的翼眼

帮助消除震颤隐患

蜻蜓是名副其实的飞行大师

隐　匿

摄影/田勇

昆　虫　名：赤槐外斑尺蠖

如果不多加留心

你恐怕不会发现完美伪装的我

而你是否也披上保护色

消弭在干枯的环境里

向上看齐

摄影/张信

昆虫名：刺蛾（幼虫）

咿咿呀呀

渺小的我们调不成歌

当无数个兄弟姐妹并肩呐喊

单薄叶片边缘

倾泻出磅礴的洪荒之声

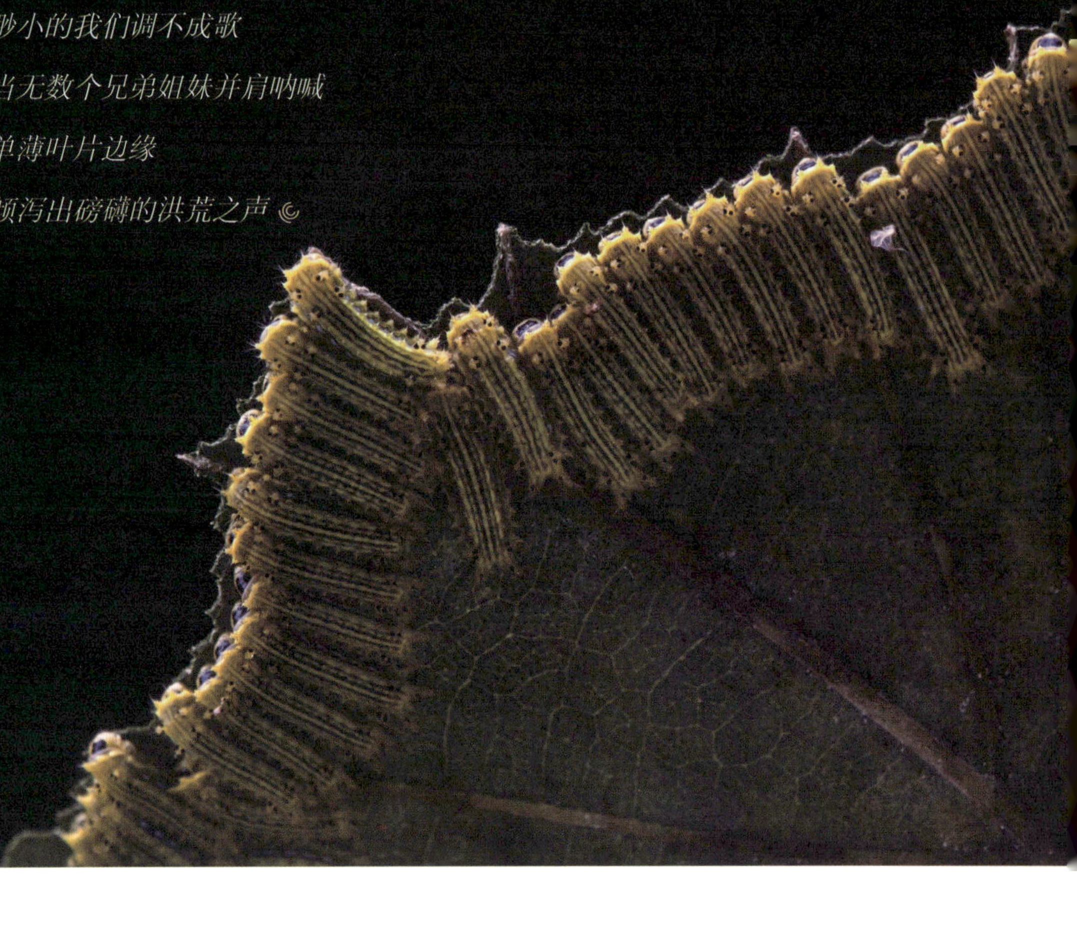

伪装者

摄影/秦彧

美眼蛱蝶表面缎绒般的图案
和其他蝴蝶一样华丽
腹面却好似一片干枯的叶子
迷惑天敌的视线
在恰当的时候隐藏锋芒
这是它的处世哲学

昆虫名：美眼蛱蝶

盔甲战士

摄影/李浩铭

坚硬的外壳
弓型的触角
都是力量的象征
恐龙时期就存在的我们
生来就要做与命运对抗的强者

昆虫名：锹甲

我的地盘我做主

摄影/杨穗强

动物名：人面蛛*

*蜘蛛和蝎子、蜈蚣一样，不属于昆虫，因为昆虫的基本特征是体躯三段（头、胸、腹），2对翅膀与6只足。

恋爱季节

摄影/冼乐人

昆 虫 名：象甲

探路者

摄影/陶剑

昆 虫 名：萤火虫（幼虫）

一只萤火虫的幼虫
有谁比它更渴望长大
有谁比它更渴望黑夜
白天的远眺里
有夜空中发光的自己

一、二、三、四
看我们整齐的排列
一、二、三、四
挨个端详我们的时候
看我们向你安静地展示
时间溜走的痕迹

列 队

摄影/侯永昆

昆 虫 名：蝉

毛毛虫

摄影/田勇

昆 虫 名：扁刺蛾（幼虫）

滚胖的体型

细碎的丛毛

如果你因此不把我放在眼里

等着看我

将这一片片树叶

全都啃食干净

采 蜜

摄影/兰星平

昆虫名：蜜蜂

工作是件严肃的事
你知道
蜜蜂家族的庞大体系
采蜜只是其中一环
必须一丝不苟地进行
这才对得起
蜜蜂世代勤劳的声名

参 拜

摄影/陶剑

昆 虫 名：舟蛾

像苦行僧一样磕长头

怀着一颗虔诚的心

不是为那些想要实现的梦想跪拜

而是为还拥有那些梦想的自己

爬 行

摄影/田勇

昆 虫 名：黑带二尾舟蛾（幼虫）

由刚孵化的紫黑色

脱皮为青绿色

长出菱形的斑纹

再发育到湖蓝色

臀足退化为尾突

昆虫的变态发育

总会给人意想不到的惊喜

窥　视

摄影 / 邸济民

色彩艳丽的事物

总是格外吸引人

一圈圈斑纹

一层层催眠

让人倍感好奇的突起

是尾巴

是末节

而眼睛

却在另一端隐匿

昆 虫 名：蛇蛉

图书在版编目（CIP）数据

发现昆虫之美①/ 中国昆虫学会编. -- 武汉：湖北科学技术出版社, 2017.5 （2022. 1重印）
ISBN 978-7-5352-9386-2

Ⅰ. ①发… Ⅱ. ①中… Ⅲ. ①昆虫—普及读物 Ⅳ. ①Q96-49

中国版本图书馆CIP数据核字(2017)第113711号

执行策划　刘　辉　高　然
责任编辑　刘　辉　高　然　万冰怡
整体设计　胡　博
配　　文　陈欣然

出版发行　湖北科学技术出版社
地　　址　武汉市雄楚大街268号
（湖北出版文化城B座13—14层）
邮　　编　430070
电　　话　027-87679468
网　　址　http://www.hbstp.com.cn
印　　刷　湖北画中画印刷有限公司　　邮编：441300
开　　本　787×1092　1/16　11.75印张
版　　次　2017年7月第1版
2022年1月第2次印刷
字　　数　180千字
定　　价　98.00元

（本书如有印装问题，可找本社市场部更换）